2016
2020

經研冀憶

——国网冀北经研院『十三五』发展回顾

（大事记）

国网冀北电力有限公司经济技术研究院　组编

中国水利水电出版社
www.waterpub.com.cn
·北京·

图书在版编目（CIP）数据

经研冀忆：国网冀北经研院"十三五"发展回顾：
五年记忆、大事记 / 国网冀北电力有限公司经济技术研
究院组编. -- 北京：中国水利水电出版社，2021.6
ISBN 978-7-5170-9723-5

Ⅰ．①经… Ⅱ．①国… Ⅲ．①电力工业－工业企业管
理－河北－2016-2020 Ⅳ．①F426.61

中国版本图书馆CIP数据核字(2021)第131050号

书　　　名	**经研冀忆——国网冀北经研院"十三五"发展回顾（五年记忆、大事记）** JING YAN JI YI——GUOWANG JIBEI JINGYANYUAN "SHISANWU" FAZHAN HUIGU(WU NIAN JIYI,DASHI JI)
作　　　者	国网冀北电力有限公司经济技术研究院　组编
出 版 发 行	中国水利水电出版社 （北京市海淀区玉渊潭南路1号D座　100038） 网址：www.waterpub.com.cn E-mail：sales@waterpub.com.cn 电话：(010)68367658(营销中心)
经　　　售	北京科水图书销售中心(零售) 电话：(010)88383994、63202643、68545874 全国各地新华书店和相关出版物销售网点
排　　　版	中国水利水电出版社微机排版中心
印　　　刷	天津嘉恒印务有限公司
规　　　格	184mm×260mm　16开本　25.25印张(总)　478千字(总)
版　　　次	2021年6月第1版　2021年6月第1次印刷
总 定 价	**100.00**元（含2册）

本书编委会

主 任

许凌峰　石振江

副主任

刘　娟　袁敬中　周　毅　尹秀贵　王清香　姜　宇　王绵斌

编 委

唐博谦	段小木	张　楠	梁紫怡	陈翔宇	李维维	张　璐
张海岩	肖　林	沈卫东	苏东禹	石少伟	运晨超	周海雯
路　妍	张　洁	霍菲阳	刘　溪	张　妍	张金伟	黄毅臣
贾东雪	赵　苊	董海鹏	田镜伊	赵　敏	赵　微	何成明
何　慧	陈　璐	孙　密	张立斌	付玉红	肖　巍	陈　蕾
郭　昊	李红建	陈太平	聂文海	秦砺寒	张晓曼	高　杨
刘　宣	董少峤	李顺昕	韩　锐	岳　昊	杨金刚	刘　丽
梁大鹏	武冰清	刘志雄	孙海波	张　玉	吕雅姝	成建宏
苏　宇	田光远	程　靓	朱全友	徐康泰	梁冰峰	王光丽
李　莉	岳云力	尹冰冰	丁健民	陈　辰	瞿晓青	杨一诺
耿鹏云	仝冰冰	赵一男	王　硕	王利军	谢景海	刘沁哲
郭　嘉	刘素伊	侯喆瑞	敖翠玲	周　洁	李栋梁	何　淼
赵旷怡	杨　林	李　旺	袁　俏	宋　斌		

序

　　文以载道，文以传情，文以植德，在推动企业成长壮大的进程中，文化成为团结奋进、攻坚克难的力量源泉。眼下，"十三五"规划圆满收官，全面建成小康社会胜利在望，全国上下喜迎建党 100 周年。当此之际，经研院推出"我与冀北一起成长的这五年"征文活动，引发广大职工强烈共鸣，共征集到 93 篇作品、76 条感言。一张张照片，一篇篇文字，定格了过去五年经研院干部职工一起拼搏过的日日夜夜、春夏秋冬，共同见证了公司、电网以及职工自身的成长，感人至深。

　　经研院发展史是中国共产党党史、中国经济社会发展史大海中泛起的一朵浪花，一叶以知秋，一朵浪花也能折射出大海的颜色。一年一小步，五年一大步，"十三五"时期，面对前所未有的考验、面对世所罕见的挑战，经研院经受住了一次次"压力测试"，交出了一份靓丽的成绩单。回顾五年来的发展历程，经研院广大干部职工攻坚克难、不懈奋斗，深入贯彻落实习近平新时代中国特色社会主义思想，贯彻落实中央重大决策部署，全力支撑冀北公司经营决策，在推动电网转型发展和电力体制改革方面作出积极贡献，在技术支撑和服务质量等硬实力方面稳步提升，在科技创新和企业治理等软实力方面卓有成效。五年砥砺奋进，五年共济同舟，既有量的合理增长；质的稳步提升；更有结构的持续优化。经研院在保持高速奔跑的同时，"体格"更强健、含金量更足。

　　光阴流转，四时更替。挥别"十三五"，迎来"十四五"，全面建设社会主义现代化国家新征程即将开启。凡是过往，皆为序章，征途漫漫，唯有奋斗。

PREFACE

在冀北公司党委的坚强领导下，广大冀北经研人将继续保持"咬定青山不放松"的韧劲、"不破楼兰终不还"的拼劲，全力以赴完成各项目标任务，推动经研院高质量发展，绘就新的壮美篇章。

好的感悟需要分享，好的故事需要铭记。在此，我们将"我与冀北一起成长的这五年"征文活动的优秀作品及"十三五"期间记录经研院发展的图文"大事记"集结成册。然而在编辑的过程中，限于篇幅，我们不得不怀着遗珠之憾进行了割舍，优中选优。真诚感谢在本书编辑出版过程中相关部门、中心和个人的大力支持，希望广大干部职工不断加强自身文化修炼，将这份底蕴转化为接续奋斗的动力，并真心期待广大读者的批评指正。

编者

2021 年 3 月

于北京

CONTENT 目录

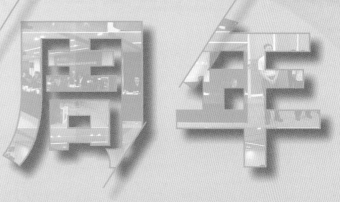

2016 年

经研冀忆
2016—2021

5 周年

2016：特高压建设年

2016年，经研院扎实开展"两学一做"学习教育，全力推进"三型一流"业务支撑机构创建。锡盟—山东、蒙西—天津南特高压交流工程超前里程碑计划**竣工投产**。北京东变电站工程、锡盟—泰州工程分获国网公司项目管理流动红旗、安全质量管理流动红旗，实现**"年度双夺旗"**的历史新突破。北京东变电站业主项目部获2016年国网公司示范业主项目部、工人先锋号等荣誉称号。获北京市科技进步三等奖，实现省部级获奖**零的突破**。《欢迎来到北京东》在公司"国网故事汇·听我冀北说"春季赛中获得最佳作品，并获国网故事汇6月份十佳作品。

特高压党支部、王清香、朱全友分获国网公司直属党委先进党支部、优秀党员和优秀党务工作者称号。张帆获国网公司劳动模范称号。赵微、梁大鹏、耿晓超、石建磊4人被评为冀北公司先进工作者，郭昊获得感动冀北十大人物提名奖。王政获得冀北公司青年岗位能手荣誉称号，杨朝翔被授予冀北公司优秀共青团员荣誉称号。

这一年，路妍、宋斌、李栋梁、卢诗华、刘沁哲、王光丽、严伟7名同志加入经研院，3名同志离开这个集体。其中，程靓、靳东晖2名同志调入冀北公司本部，王智敏调入国网能源研究院。陈鑫、张妍、单体华3名同志成为预备党员，肖巍、陈翔宇、陈辰3名同志按期转正。15人获得高级职称，3人获得中级职称，5人获得相关注册资格证书。

2015年12月14日	国网公司调整冀北公司领导班子，田博任冀北公司总经理、党组副书记，刘岳华任冀北公司总会计师、党组成员
2016年1月5日	锡盟—泰州±800千伏特高压直流输电线路工程（冀北段）召开第一次安委会暨工地例会
2016年1月28日	国网经研院配电网规划设计中心来我院调研
2016年1月29日	召开一届三次职代会暨2016年工作会

2016 年 2 月 1 日	举办 2016 年职工文化成果展示活动
2016 年 2 月 2 日	冀北公司副总经理李欣一行来我院督导安全大检查工作并慰问一线员工
2016 年 2 月 4 日	国网公司董事长刘振亚检查春节保电工作并慰问冀北公司员工
2016 年 2 月 24 日	副院长石振江一行赴浙江经研院调研
2016 年 3 月 18 日	开展特高压现场感知系列活动
2016 年 3 月 25 日	纪委书记、工会主席成建宏一行赴华联监理公司调研企业文化及职工书屋建设工作
2016 年 4 月 14 日	京研电力首个接入系统项目——航天万源南堡风电场 100 兆瓦工程接入系统设计通过评审
2016 年 4 月 21 日 凌晨 2 点 21 分	锡盟—山东工程 8B 标段跨越京哈铁路拆网作业顺利完成
2016 年 5 月 3 日	首次参与的国家重点计划项目"张北交直流配电网及柔性变电站项目"技术方案，获得北京市优秀工程咨询成果二等奖
2016 年 5 月 9 日	蒙西—天津南工程 16 标铁塔组立全部完成
2016 年 5 月 16 日	舒印彪接替刘振亚担任国网公司董事长、党组书记
2016 年 5 月 16 日	参与完成《河北省 2016—2017 年"煤改电"实施方案》编制
2016 年 5 月 19 日	冀北公司总经理田博一行赴承德串补站检查指导工作
2016 年 5 月 20 日	开展廉政教育主题活动及"廉政在路上·健康大步走"活动
2016 年 5 月 26 日	副院长石振江出席交直流配电网及柔性变电站项目技术方案讨论会并作指导
2016 年 5 月 26 日	国网公司副总经理刘泽洪一行赴北京东变电站主持召开现场工作会暨"两学一做"学习教育情况调研会
2016 年 7 月 1 日	寇伟担任国网公司总经理、董事、党组副书记
2016 年 7 月 3 日	承德串补站顺利完成系统调试任务
2016 年 7 月 12 日	北京京研电力工程有限公司承接本公司第一个可行性研究——冀北张家口张呼铁路冀北张家口 220 千伏怀安牵引站外部供电工程
2016 年 8 月 1 日	召开 2016 年新入职员工见面会
2016 年 8 月 11 日	冀北公司副总经理、工会主席盛大凯一行慰问蒙西—天津南工程项目部

2016 年 9 月 12 日	院长沈卫东出席阿里巴巴与冀北电网技术合作签约仪式，并参加京张"中国数坝"峰会暨阿里巴巴张北数据中心启动仪式
2016 年 9 月 22 日	国网公司总经理寇伟赴冀北公司调研
2016 年 10 月 26 日	党员大会隆重召开
2016 年 11 月 21 日	锡盟—泰州 ±800 千伏直流特高压线路工程（冀北段）勇夺国网公司安全质量管理流动红旗
2016 年 11 月 23 日	副院长尹秀贵赴锡盟—泰州特高压工程、扎鲁特—青州特高压工程施工现场检查指导冬季施工管理工作

2015 年 12 月 14 日，国网公司调整冀北公司领导班子，田博任冀北公司总经理、党组副书记

2015 年 12 月 14 日，田博总经理在干部调整会议上做表态发言

2016 年 1 月 5 日，锡盟—泰州 ±800 千伏特高压直流输电线路工程（冀北段）召开第一次安委会暨工地例会

2016 年 1 月 19 日，纪委书记、工会主席成建宏一行赴北京东特高压变电站慰问

2016年1月25日，沈卫东院长（右二）领取冀北公司优秀"四好"班子奖牌

2016年1月25日，党委书记翟向向（左三）领取冀北公司优秀领导干部荣誉证书

2016年1月25日，李冰（右三）领取冀北公司劳模荣誉证书

2016 年 1 月 28 日，国网经研院配电网规划设计中心来我院调研

2016 年 1 月 29 日，召开一届三次职代会暨 2016 年工作会

2016年2月1日，举办职工文化成果展示

2016年2月1日，举办职工文化成果展示

2016年2月1日，举办职工文化成果展示

2016年2月2日，冀北公司副总经理李欣一行来我院督导安全大检查工作并慰问一线员工

2016年2月4日，国网公司董事长刘振亚检查春节保电工作并慰问冀北公司员工

2016年2月24日，副院长石振江一行赴浙江经研院调研

2016年3月16日，副院长刘娟一行赴山东经研院、青岛供电公司调研

2016年3月25日，纪委书记、工会主席成建宏一行赴华联监理公司调研企业文化及职工书屋建设工作

2016 年 4 月 7 日，开展"特高压青年在行动"主题活动

2016 年 4 月 20—24 日，参加冀北公司第四届职工文化体育艺术节暨职工乒乓球比赛

2016 年 4 月 21 日，凌晨锡盟—山东工程 8B 标段跨越京哈铁路拆网作业顺利完成

2016 年 4 月 25 日，召开 10 千伏柔直项目可行性研究推进会

2016 年 5 月 6 日，副院长石振江率设计技术组赴张北推进交直流配电网及柔性变电站设计工作

2016 年 5 月 19 日，冀北公司总经理田博一行赴承德串补站检查指导工作

2016年5月20日，开展"廉政在路上·健康大步走"活动

2016年5月20日，开展廉政教育主题活动

2016年5月26日，国网公司副总经理刘泽洪一行赴北京东变电站主持召开现场工作会暨"两学一做"学习教育情况调研会

2016 年 6 月 6 日，与中国煤炭地质总局举办拔河比赛

2016 年 7 月 4 日，开展"迎峰度夏"交通安全检查

2016 年 7 月 8 日，规划评审中心党支部举办"知行合一"主题党建知识竞赛

2016 年 7 月 12 日，冀北公司副总经理葛俊来我院调研指导工作，冀北公司发展部主任曹伟、科技部主任王葆洁陪同

2016 年 7 月 13—15 日，副院长石振江一行赴浙江省调研舟山柔性直流输电工程

2016 年 7 月 27 日，冀北公司副总师宋伟来我院调研，冀北公司企协副主任张宣江、周稼康参加

2016 年 8 月 9 日，院长沈卫东在冀北配电网设计新技术研讨会上做交流发言

2016 年 8 月 11 日，冀北公司副总经理、工会主席盛大凯一行慰问蒙西—天津南工程项目部

2016 年 9 月 6 日，召开"智库"建设研讨会

2016 年 9 月 12 日，院长沈卫东出席阿里巴巴与冀北电网技术合作签约仪式，并参加京张"中国数坝"峰会暨阿里巴巴张北数据中心启动仪式

2016年9月22日，国网公司总经理寇伟赴冀北公司调研

2016年10月5日，院长沈卫东一行赴跨越金太线施工现场检查指导工作

2016 年 10 月 18 日，书画协会开展丙烯课程学习交流活动

2016 年 10 月 18 日，台球、乒乓球协会联合举办"双球"争霸赛

2016 年 10 月 25 日，规划评审中心党支部参观长征胜利 80 周年纪念展

2016 年 10 月 26 日，党员大会隆重召开

2016 年 10 月 26 日，领导班子成员在院党员大会上的合影

2016 年 10 月 26 日，第一管理党支部在院党员大会上的合影

2016 年 10 月 26 日，第二管理党支部在院党员大会上的合影

2016 年 10 月 26 日，规划评审中心党支部在院党员大会上的合影

2016 年 10 月 26 日，技经中心党支部在院党员大会上的合影

2016 年 10 月 26 日，设计中心党支部在院党员大会上的合影

2016 年 10 月 26 日，建设管理中心党支部代表在院党员大会上的合影

2016年11月4日，摄影协会组织职工赴妙峰山进行户外摄影实践

2016年12月14日，冀北公司组织部主任王玉清、工会副主席陈龙发参加经研院年度民主测评、民主推荐大会

2016 年 12 月 14 日，召开 2016 年度民主评议大会，冀北公司组织部方勇、监察部李凤平、工会焦大明、审计部鲍喜参加

2016 年 12 月 22 日，纪委书记、工会主席成建宏一行赴张家口泥河湾小学开展关爱贫困学子捐资助学活动

2017 年

经研冀忆
2016—2021

5 周年

2017：厚积薄发年

2017 年，经研院喜迎建院五周年，同时也是成果丰硕，刷新各项记录的一年。

这一年，我们获得冀北公司**"优秀领导班子"**荣誉称号，同业对标取得第 10 名的**历史最好成绩**，京研公司**实现利润** 225.13 万元，自主专著出版实现**零的突破**。支撑国网公司编制《北方地区冬季清洁供暖规划实施方案》，设计院获得**"双乙"资质**，取得国网公司设计竞赛三等奖，荣获国网公司**青创赛铜奖** 1 项，获得国网公司优秀统计成果，"李顺昕创新工作室"被评为冀北公司**"三星级"党群**工作示范点。

王清香获得国网公司直属党委优秀共产党员荣誉称号，第一管理党支部、刘洋分获冀北公司电网先锋党支部、优秀党务工作者荣誉称号。技经中心技经室被授予冀北公司"工人先锋号"，聂文海获评感动冀北十大人物，何淼被评为冀北公司劳动模范，王清香被评为冀北公司巾帼先进个人，梁紫怡、吕雅姝、许文秀、林宇龙 4 人被评为冀北公司先进工作者。陈翔宇获得北京市海淀区青年岗位能手荣誉称号。岳云力、周洁分别被授予冀北公司优秀共青团干部、优秀共青团员称号，耿晓超被授予冀北公司青年五四奖章。

这一年，田光远、石少伟、郭嘉、苏东禹、乔平、尚艺舒、张辰禹、赵金虎、郎博宇 9 名同志加入经研院，庞克瑞、王滨文 2 名同志光荣退休，离开这个集体。李维维、运晨超 2 名同志成为预备党员，陈鑫、张妍、单体华 3 名同志按期转正。15 人获得高级职称，3 人获得中级职称，5 人获得相关注册资格证书。

2017 年 1 月 10 日	纪委书记、工会主席成建宏一行慰问施工现场及后方全体职工
2017 年 1 月 10 日	冀北公司副总经理、工会主席盛大凯一行赴扎鲁特—青州、锡盟—泰州特高压直流线路工程现场慰问
2017 年 1 月 12 日	举办"感知特高压、建设特高压、奉献特高压"主题演讲比赛
2017 年 1 月 17 日	北京京研电力工程设计有限公司取得工程咨询乙级资质
2017 年 1 月 24 日	召开一届四次职代会暨 2017 年工作会

2017 年 1 月 24 日	举办"经彩前行，研途有梦"2017 年职工文化成果展示活动
2017 年 1 月 24 日	获得 2016 年度财务工作先进单位
2017 年 1 月 25 日	上午国网公司董事长舒印彪检查春节保电工作并慰问冀北公司职工
2017 年 2 月 9—10 日	院长沈卫东赴锡盟—泰州、扎鲁特—青州两直流工程现场视察
2017 年 2 月 21 日	获得冀北公司 2016 年度科技环保工作先进单位的荣誉称号
2017 年 2 月 23 日	设计中心（京研设计公司）顺利取得三标认证体系证书
2017 年 3 月 19 日	田光远调任经研院党委委员、纪委书记、工会主席
2017 年 3 月 21 日	两项成果荣获 2017 年中电建协电力建设科学技术进步奖三等奖
2017 年 3 月 27 日	张北交直流配电网及柔性变电站示范工程可研报告评审会召开
2017 年 4 月	刘洋赴蒙东经研院开展为期一年半的"东西帮扶"工作
2017 年 4 月 5 日	北京华科三维电力技术咨询有限责任公司完成工商注册登记工作
2017 年 4 月 23 日	冀北公司两条特高压直流工程同跨 500 千伏姜太线路顺利完工
2017 年 4 月 26 日	举办"我运动我快乐"春季长走健康行活动
2017 年 5 月 19 日	冀北公司副总经理盛大凯一行来我院督导问题清单梳理工作
2017 年 5 月 26 日	赴国网节能服务有限公司调研
2017 年 6 月 1 日	内蒙古锡盟—江苏泰州 ±800 千伏特高压直流输电线路工程（冀北段）全线贯通
2017 年 6 月 13 日	参观司法部燕城监狱廉政教育基地
2017 年 6 月 15 日	京研公司获得 2016 年度北京市优秀工程咨询成果二等奖
2017 年 7 月 4 日	召开 2017 年新入职员工见面会
2017 年 9 月 13 日	纪委书记、工会主席田光远一行赴扎青冀北段慰问业主项目部工作人员
2017 年 9 月 21 日	扎鲁特—青州 ±800 千伏特高压直流工程冀北段线路顺利竣工
2017 年 9 月 27 日	北京京研电力工程设计有限公司取得电力行业（送电、变电）乙级设计资质
2017 年 9 月 30 日	田博担任冀北公司董事长、党委书记，郑林担任冀北公司总经理、党委副书记
2017 年 10 月 18 日 9 时	收听收看党的十九大开幕会盛况
2017 年 10 月 23 日	设计中心（京研公司）取得乙级工程设计单位资格证书
2017 年 11 月 16 日	第二管理党支部与冀北公司党委组织部党支部开展支部联系点暨主题党日活动
2017 年 11 月 27 日	支撑低碳冬奥的智能电网综合示范工程课题五推进会在京召开
2017 年 12 月 1 日	赵裕端获得冀北财务知识竞赛一等奖

2017 年 1 月 10 日，纪委书记、工会主席成建宏一行慰问施工现场及后方全体职工

2017 年 1 月 10 日，冀北公司副总经理、工会主席盛大凯一行赴扎鲁特—青州、锡盟—泰州特高压直流线路工程现场慰问

2017 年 1 月 13 日，召开 2016 年度民主生活会，冀北公司党建部副主任郑伟、苗森进行督导

2017 年 1 月 19 日，院长沈卫东（右五）领取冀北公司优秀领导干部荣誉证书

2017年1月19日，张帆（左六）领取国网公司劳模荣誉证书

2017年1月25日，国网公司董事长舒印彪、总经理寇伟检查春节保电工作并慰问冀北公司职工

2017 年 1 月 24 日，院工作会先进授奖仪式。（领奖人左起：梁冰峰、李博、李冰、聂文海）

2017 年 1 月 24 日，院工作会先进授奖仪式。（领奖人左起：梁大鹏、耿晓超、郭良、赵微、石建磊）

2017 年 1 月 24 日，院工作会先进授奖仪式。（领奖人左起：安磊、郭昊、何慧、贾祎轲、管乐、刘洋、崔寒松）

2017 年 1 月 24 日，举办"经彩前行，研途有梦" 2017 年职工文化成果展示活动

2017 年 1 月 24 日，建设管理中心表演舞蹈《欢迎来到北京东》

2017 年 1 月 24 日，规划评审中心表演小品《非诚勿扰》

2017 年 1 月 24 日，财务资产部表演歌舞剧《上海滩》

2017 年 1 月 24 日，院领导参与游戏《你来比划我来猜》

2017 年 1 月 24 日，技经中心表演歌曲《相亲相爱一家人》

2017 年 1 月 24 日，设计中心表演情景剧《红楼梦》

2017 年 2 月 9—10 日，院长沈卫东赴锡盟—泰州、扎鲁特—青州两直流工程现场视察

2017 年 2 月 21 日，副院长刘娟领取冀北公司 2016 年度科技环保工作先进单位奖牌

2017 年 2 月 28 日，我院受邀参观中国煤炭地质总局员工食堂

2017 年 3 月 7 日,开展"三八节"
女职工花艺沙龙活动

2017 年 3 月 9 日,开展"关爱
特高压建设者"暖心行动

2017 年 3 月 28 日,参加冀北
公司京内羽毛球比赛合影

2017 年 4 月 25 日，参加公司第五届职工文化体育艺术节开幕式暨职工羽毛球比赛

2017 年 4 月 26 日，举办"我运动·我快乐"春季长走健康行活动

2017 年 5 月 16 日，召开同业对标工作会

2017 年 5 月 19 日，冀北公司副总经理盛大凯来我院督导问题清单梳理工作，冀北公司副总师宋伟，财务部副主任许宝杰，运监中心王骏，冀北工程管理公司总经理刘志刚、党委书记贾广明、副总经理杨立春、刘卫红、陈洁等同志参加

2017 年 6 月 1 日，内蒙古锡盟—江苏泰州 ±800
千伏特高压直流输电线路工程（冀北段）全线贯通

2017 年 6 月 1 日，冀北公司法律顾问陈锦来我院
开展业务指导，冀北公司党建部副主任姚晓军、体
改办林森、交易公司郭俊宏、财务部甘萍、营销部
杨大晟、发展部罗玮、外部咨询专家钟国节参加

2017 年 6 月 2 日，举办经研体系院长座谈会

2017 年 6 月 19 日，冀北公司纪委办副主任谭
臻一行来我院开展八项规定检查，冀北公司后勤
部贾海兵、办公室邢勇辉、监察部尚东慧参加

2017 年 7 月 6 日，冀北公司副总经理葛俊来我院调研指导工作，安监部副主任赵维洲等同志陪同

2017 年 8 月 7 日，开展"伟大团队"主题实践活动

2017 年 8 月 25 日，召开 2017 年新入职员工集中培训动员会（图中右下逆时针分别为：郭嘉、苏东禹、石少伟、沈卫东、汪清香、乔平、尚亦舒）

2017 年 9 月 13 日，纪委书记、
工会主席田光远一行赴扎青冀北
段慰问业主项目部工作人员

2017 年 9 月 19—22 日，副院长
尹秀贵带队进行柔直工程踏勘

2017 年 9 月 21 日，在国网第三
届青创赛现场进行项目展示

2017 年 9 月 30 日，召开三季度安委会

2017 年 9 月 30 日，田博担任冀北公司董事长、党委书记，郑林担任冀北公司总经理、党委副书记

2017 年 10 月 16 日，举办全球能源互联网英语竞赛，周洁获得冠军

2017 年 10 月 18 日，集体收看中共十九大开幕式

2017 年 11 月 6 日，组织举办中层管理人员培训班

2017 年 11 月 16 日，第二管理党支部与冀北公司组织部党支部开展支部联系点暨主题党日活动

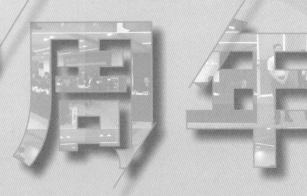

2018 年

经研冀忆
2016—2021

5 周年

2018：精益管理年

2018年，经研院紧密围绕新时代战略目标，专业专注，臻于至善，各项工作取得成效显著。2项经济活动分析**获国网发展部表扬**，2项成果纳入电力建设工程概预算定额修编（2018年版）并**在系统内推广**，在国网变电站**设计调考**中团体成绩排名前五，发表核心论文41篇，授权专利10项，获北京市管理创新成果一等奖1项，河北省管理创新成果一、二等奖各1项，完成《一种移动式无线通信微气象检测系统》技术转让，成为冀北公司**首家实现专利成果效益化**的直属单位。在《**国家电网报**》**刊稿**4篇，《**中国电力报**》刊稿36篇，《**电网头条**》刊稿1篇，国网网站刊稿3篇，央视7套播出宣传短片2部。规划评审中心主网规划二室被授予冀北公司"工人先锋号"，梁大鹏被评为冀北公司劳动模范，岳云力被评为冀北公司优秀班组长，张妍、傅守强、王硕、侯喆瑞4人被评为冀北公司先进工作者，瞿晓青获得感动冀北十大人物提名奖。经研院团委获评冀北公司"五四红旗团委"，岳云力、傅守强分获冀北公司杰出青年岗位能手、青年岗位能手称号，卢诗华获评冀北公司优秀共青团员。

这一年，袁敬中、武冰清、孙海波、傅昊、王守鹏、杨林、王畅、王泽众8名同志加入经研院，43名同志离开这个集体。其中，李冰、张帆、黄珣、刘芳、于爽、李雅菲、耿晓超、陈鑫、徐康泰、林宇龙、炼晶辉、杨阳、谷欣龙、王光丽、郭良、王政、王帅、张磊、陈鹏、崔寒松、陈纲亮、段春明、刘杰锋、潘一飞、张辰禹、郎博宇、杨悦、苏宇、王明渊、段正阳、赵思远、乔平、尚艺舒33名同志因机构体制改革，成建制划转至冀北工程管理公司；石振江调入冀北发展部，成建宏调入冀北巡察办，王旭冉调入全球能源互联网公司，汲国强调入国网能研院，邵洪海、赵金虎、严伟3名同志调入冀北建设部，石建磊调入冀北交易中心，杨红、毛戈2名同志光荣退休。杨金刚、高杨、张晓曼3名同志成为预备党员，李维维、运晨超2名同志按期转正。8人获高级职称，17人获中级职称，9人获相关注册资格证书。

2018 年 1 月 8 日	石振江调任冀北公司发展部副主任
2018 年 1 月 12 日	袁敬中提任经研院总工程师
2018 年 2 月 1 日	获得冀北优秀领导班子称号
2018 年 2 月 1 日	冀北公司举办"感动冀北电力年度十大人物"颁奖晚会，聂文海获评十大感动人物
2018 年 2 月 1 日	我院获评工人先锋号
2018 年 2 月 8 日	二届一次职代会暨 2018 年工作会召开
2018 年 2 月 9 日	举办"感恩五载，荣享未来" 2018 年职工文化成果展示活动
2018 年 3 月 2 日	观影爱国主义影片《厉害了我的国》
2018 年 5 月 4 日	设计中心为北戴河供电保障监控大厅项目提供全过程支撑
2018 年 5 月 25 日	赴国网能源研究院开展"智库"能力建设调研
2018 年 6 月	"智研"共产党员服务队成立
2018 年 6 月 13 日	开展户外拓展训练增强团队凝聚力
2018 年 8 月	岳云力赴张家口公司开展为期一年的"冬奥帮扶"工作
2018 年 8 月 8 日	冀北公司总经理、党委副书记郑林赴经研院就推进改革发展、提升支撑能力现场办公
2018 年 8 月 29 日	公司建设部领导来我院调研
2018 年 9 月 12 日	喜获河北省省级企业管理现代化创新成果一等奖
2018 年 9 月 27 日	举办"研路精彩 快乐同行"职工趣味运动会
2018 年 10 月	刘素伊赴蒙东经研院开展为期一年半的"东西帮扶"工作
2018 年 10 月 10—11 日	参加中国电力造价高端论坛
2018 年 10 月 11 日、18 日	赴廊坊和张家口开展"煤改电"工作调研
2018 年 10 月 26 日	召开第二届团员大会，完成团委换届选举
2018 年 10 月 26 日	科技论文获中国电机工程协会论文成果一等奖
2018 年 10 月 30 日	首次利用三维技术开展 110 千伏电压等级变电站工程初步设计和施工图设计工作

2018 年 11 月 8 日	圆满完成《国家电网有限公司关于加强输变电工程分部结算管理的实施意见》编写任务
2018 年 11 月 15 日	舒印彪离开国网公司，赴华能集团履职董事长、党组书记
2018 年 11 月 23 日	书画工作室获评公司二星级职工文化工作室
2018 年 12 月 12 日	冀北公司党委副书记、副总经理鞠冠章一行赴经研院调研指导工作
2018 年 12 月 13 日	寇伟担任国网公司董事长、党组书记
2018 年 12 月 26 日	世界首个柔性变电站——小二台柔性变电站投入商业运行
2018 年 12 月 29 日	辛保安担任国网公司董事、总经理、党组副书记

2018 年 1 月 11 日，冀北公司科技部副主任王东升来我院进行业务交流，博望公司副总经理王超、李荣让，冀北公司科技部娄竞、李坚，冀北信通公司来骥陪同

2018年2月1日，院长沈卫东（右二）领取优秀"四好"班子奖牌

2018年2月1日，冀北公司举办"感动冀北电力年度十大人物"颁奖晚会，聂文海（左四）领取十大感动人物奖杯

2018年2月1日，王政（右一）代表建设管理中心项目管理室领取国网公司"工人先锋号"奖牌

2018 年 2 月 8 日，院工作会先进授奖仪式。（领奖人左起：梁冰峰、朱全友、王清香、王政）

2018 年 2 月 8 日，院工作会先进授奖仪式。（领奖人左起：梁紫怡、林宇龙、何淼、耿鹏云、吕雅姝、许文秀）

2018 年 2 月 8 日，院工作会先进授奖仪式。（领奖人左起：李维维、安磊、赵微、周洁、郭昊、贾祎轲）

2018 年 2 月 9 日，举办"感恩五载，荣享未来"2018 年职工文化成果展示活动

2018 年 2 月 9 日，财务资产部、计划经营部联合表演开场舞《Panama & 失恋阵线联盟》

2018 年 2 月 9 日，院领导致新年贺词

2018 年 2 月 9 日，建设管理中心表演三句半《夸夸咱经研》

2018 年 2 月 9 日，张妍表演沙画《创世纪》

2018 年 2 月 9 日，规划评审中心表演情景剧《琅琊榜外传》

2018 年 2 月 9 日，书画协会表演《笔墨丹青喜迎春》

2018 年 2 月 9 日，设计中心表演小品《师带徒》

2018 年 2 月 9 日，院长沈卫东与职工表演《迎春歌曲联唱》

2018年2月9日，梁冰峰、王硕为"最佳男演员"郭嘉颁奖

2018年2月9日，高杨、赵裕端颁发"最佳女演员"

53

2018年2月19日，召开2017年度民主生活会，冀北公司副总经理盛大凯、副总师宋伟、党建部苗森现场督导

2018年3月2日，冀北公司互联网部主任闫忠平一行来我院进行业务交流，互联网部副主任莫小林、沈宇、徐彭亮，张子健等同志参加

2018 年 3 月 2 日，观影爱国主义影片《厉害了我的国》

2018 年 3 月 9 日，举办经研体系设计座谈会

2018 年 3 月 9 日，"春晖"青年志愿服务队走进月坛街道敬老院，开展"青春光明行·温暖老人心"活动

2018 年 3 月 22 日，举行"一库一单一点一册"成果体系汇报会

2018 年 5 月 10 日，青年员工代表陈翔宇参与冀北公司"五四"分享会演出

2018 年 5 月 12 日，参加冀北公司第六届职工文化体育艺术节开幕式暨职工篮球联赛揭幕赛

2018 年 5 月 18 日，冀北公司副总经理盛大凯赴经研院调研检查，冀北公司副总师宋伟、发展部主任梁吉、安监部主任武宇平、发展部罗毅、运监中心刘刚等同志陪同

2018 年 5 月 30 日，赴冀北调控中心调研

2018 年 6 月 13 日，开展户外拓展活动

2018 年 6 月 19 日，组织安全月书法撰写安全标语活动

2018 年 6 月 22 日，举行"智研"共产党员服务队成立启动会

2018 年 6 月 22 日，青安岗与党员突击队联动

2018 年 7 月 4 日，举办党建工作会，表彰"一先两优"（领奖人左起：瞿晓青、董海鹏、赵微、王清香、项秉元、郭昊、秦砺寒）

2018 年 7 月 16 日，召开 2018 年新入职员工见面会（左一：孙海波，左二：王泽众，左三：王守鹏,右二：杨林,右三: 武冰清）

2018 年 7 月 26 日，参加冀北公司在京单位水上趣味运动会活动

2018 年 8 月 2 日，冀北公司经法部专项开题会在我院举行，冀北公司经法部主任罗希国，国网公司体改办黄李明，冀北公司发展部苗友忠、经法部李宗英等同志参加

2018 年 8 月 8 日，冀北公司总经理郑林、副总经理盛大凯来我院调研，冀北公司建设部主任陈建军、发展部主任梁吉、人资部副主任张宪等同志陪同

2018 年 8 月 22 日，"智研"共产党员服务队开展捐书活动

2018 年 9 月 6 日，书画协会开展丙烯画创作活动

2018 年 9 月 10 日，冀北公司巡察组组长王越来我院参加巡察工作动员会，冀北公司监察部副主任张宣江、巡察组副组长邬青松、监察部张升升参加

2018 年 9 月 11 日，开展"喜迎中秋"书法作品创作活动

2018 年 9 月 27 日，举办"研路精彩 快乐同行"职工趣味运动会

2018 年 10 月 26 日，举办第二次团员大会

2018 年 10 月 30 日，开展"我为团代会打 CALL"活动

2018 年 11 月 8 日，书画协会开展篆刻活动

2018 年 11 月 18 日，冀北公司副总经理葛俊出席基于柔性变电站的交直流配电网成套
设计评审会，冀北公司建设部副主任刘少宇、科技部副主任莫小林、徐彭亮等同志参加

2018 年 11 月 29 日，举办职工飞镖比赛

2018 年 12 月 7 日，冀北公司监察部主任李艳君、党建部副主任郑伟一行来我院参加年度民主评议大会

2018 年 12 月 7 日，召开 2018 年度民主评议大会，冀北公司党建部李龙、工会焦大明、组织部石玉宏、监察部张升升参加

2018 年 12 月 12 日，冀北公司副总经理鞠冠章来我院调研指导工作，冀北公司党建部副主任姚晓军、王文广等同志陪同

2019 年

经研冀忆
2016—2021

5 周年

2019：主题教育年

2019 年，经研院全面贯彻执行公司党委各项决策部署，高质量开展"不忘初心、牢记使命"主题教育，超额完成全年工作任务，各专业领域成果丰硕。深度参与国网公司十大战略课题和**国家能源局能源规划研究课题**研究攻关。与河北省社科院合作，首次发布《**2019 河北能源发展蓝皮书**》，荣获河北省质量管理小组活动优秀企业称号，获得全国 QC 故事大赛三等奖。获得 3 项实用新型专利授权、7 项发明专利授权，发表核心论文 23 篇，积极参与 7 项国网企标、4 项冀北企标、1 项团体标准编制。荣获国网公司科技进步三等奖 2 项，河北省科学技术奖三等奖 1 项，中电联电力科技创新奖二等奖 1 项。开展**领导班子集中读书班**，组织庆祝新中国成立 70 周年主题歌会、升国旗、观影观展等系列主题活动。合唱作品《游击队之歌》获公司职工文体艺术节十佳作品，实现文艺作品奖项**零的突破**。与博望公司、物资公司团委联合开展"青春光明行"主题植树活动。

综合管理部党支部获国网公司"电网先锋党支部"称号，瞿晓青获国网公司优秀共产党员称号。傅守强获得冀北公司先进工作者，刘素伊获得感动冀北十大人物提名奖，陈翔宇获得海淀区青年五四奖章。

这一年，许凌峰、付玉红、全璐瑶、段小木、程序、刘洪雨、田镜伊、肖林 8 名同志加入经研院，7 名同志离开这个集体。其中，翟向向、汤庆峰 2 名同志调入冀北发展部，朱全友调入党校、管培中心，季节调入华北分部、李博调入国网大数据中心、许文秀调入冀北人资部，刘洋调入冀北党建部。李博、贾祎轲、周洁、张宇驰 4 名同志成为预备党员，杨金刚、高杨、张晓曼等 3 名同志按期转正。

2020 年 1 月 15 日	"柔性变电站关键技术、成套装置及工程应用"获得国网冀北电力 2019 年科技进步奖特等奖
2019 年 1 月 21 日	田光远获得冀北公司优秀领导干部
2019 年 1 月 28 日	二届二次职代会暨 2019 年工作会召开
2019 年 1 月 29 日	举办"新时代、新经研、新征程"2019 年职工文化成果展示活动

2019 年 2 月 20 日	面向能源互联网的"电力通信网诊断优化关键技术与应用"成果鉴定为国际领先水平
2019 年 3 月 8 日	国网公司调整冀北公司领导班子,郭炬接替郑林担任冀北公司总经理,党委副书记
2019 年 3 月 12 日	冀北公司领导干部分工调整,于德明副总经理分管经研院
2019 年 3 月 12 日	经研院、博望公司、物资公司联合开展"青春光明行 共植国网情"活动
2019 年 4 月	吕昕、刘洋、傅守强等 3 名同志赴张家口经研所开展为期一年半的"冬奥帮扶"工作
2019 年 5 月 8 日	陈翔宇获北京市海淀区"青年五四奖章"
2019 年 8 月 7 日	召开冀北地区柔性配电网技术研讨会
2019 年 8 月 14 日	冀北干部调整,许凌峰调任经研院党委书记、副院长,翟向向退"二线"
2019 年 8 月 28 日	冀北公司副总经理张晓华一行赴经研院调研指导工作
2019 年 9 月	开展"我与国旗合影"主题活动
2019 年 9 月 3 日	荣获 2019 年河北省质量管理小组活动优秀企业称号
2019 年 9 月 14 日	冀北干部调整朱全友提任冀北党校、管培中心纪委书记、工会主席、副校长
2019 年 9 月 20 日	举办"我和祖国共奋进"庆祝新中国成立 70 周年主题歌会
2019 年 9 月 24 日	党委中心组进行主题教育读书班第一次集体学习
2019 年 9 月 25 日	举办新中国小型票证展
2019 年 9 月 25 日	集体观看红色主题影片《决胜时刻》
2019 年 9 月 29 日	集体参观"伟大历程 辉煌成就"——庆祝新中国成立 70 周年大型成就展
2019 年 10 月 8 日	隆重举行升国旗仪式
2019 年 10 月 10 日	冀北公司副总经理葛俊一行赴经研院开展调研
2019 年 10 月 18 日	第一期"经研大讲堂"成功举办
2019 年 10 月 24 日	党委书记许凌峰、副院长袁敬中赴蒙东公司调研并慰问"东西帮扶"职工
2019 年 10 月 29 日	合唱作品《游击队之歌》荣获冀北公司"十佳作品"
2019 年 11 月 1 日	召开主题教育调研成果交流会
2019 年 11 月 7 日	设计中心赴香山开展红色教育活动
2019 年 11 月 8 日	召开领导班子对照党章党规找差距专题会议
2019 年 11 月 29 日	召开主题教育专题民主生活会
2019 年 12 月 2 日	开展关爱贫困学子助学活动,助力张家口地区脱贫攻坚
2019 年 12 月 23 日	举办 2019 年新入职员工座谈会
2019 年 12 月 31 日	发布《2020 新年贺词》

2019 年 1 月 24 日，院纪委书记、工会主席田光远（右二）领取冀北公司优秀领导干部荣誉证书

2019 年 1 月 24 日，梁大鹏（右三）领取冀北公司劳模荣誉证书

2019 年 1 月 28 日，院工作会先进授奖仪式（领奖人左起：谢景海、王清香、朱全友、吕科）

2019 年 1 月 28 日，院工作会先进授奖仪式（领奖人左起：侯喆瑞、张妍、梁大鹏、岳云力、王硕、傅守强）

2019 年 1 月 29 日，举办"新时代 新经研 新征程"2019年职工文化成果展示活动

2019 年 1 月 29 日，瑜伽舞蹈协会表演鼓舞《中国龙》

2019 年 1 月 29 日，院领导致新年贺词

2019 年 1 月 29 日，设计中心表演小品《恋爱大师》

2019 年 1 月 29 日，瑜伽舞蹈协会表演民族舞《寄明月》

2019 年 1 月 29 日，技经中心刘洋演唱歌曲《杭盖》

2019 年 1 月 29 日，规划评审中心表演小品《"研"喜宫略》

2019 年 1 月 29 日，财务资产部表演《歌曲串烧》

2019年2月2日，国网公司寇伟董事长、辛保安总经理检查春节保电并慰问冀北公司员工

2019年3月8日，国网公司调整冀北公司领导班子，郭炬接替郑林担任冀北公司总经理，党委副书记

2019年3月12日，我院与博望公司、物资公司联合开展"青春光明行 共植国网情"活动

2019 年 3 月 12 日，院长沈卫东就 2019 年设计中心（京研公司）重点工作进行深度座谈交流

2019 年 4 月 18 日，院团委与冀北公司本部团委联合开展"青春心向党·建功新时代"主题团日活动

2019 年 4 月 30 日，冀北公司田博董事长为冀北公司杰出青年岗位能手岳云力（右三）颁奖

2019 年 5 月 8 日，陈翔宇（右二）荣获北京市海淀区"青年五四奖章"

2019 年 5 月 16 日，冬奥共产党员联合服务站揭牌

2019 年 6 月 26 日，冀北公司后勤部主任张连忠来我院调研并座谈交流，冀北公司后勤部凌永武、贾海兵、刘君、魏海军陪同

2019 年 6 月 26 日，冀北公司副总经理于德明来我院调研指导工作，冀北公司发展部主任梁吉、副主任石振江、苗友忠陪同

2019年7月1日，举办党建工作会，表彰"一先两优"（领奖人左起：赵微、侯喆瑞、朱正甲、何淼、侯珍、齐霞）

2019年7月24日，冀北公司副总经理于德明来我院调研，冀北公司经法部主任罗希国等同志陪同

2019年8月12日，"智研"共产党员服务队赴张家口宣讲光伏扶贫及"煤改电"政策

2019 年 8 月 14 日，院领导干部调整宣布大会前留影

2019 年 8 月 28 日，冀北公司副总经理张晓华来我院调研指导工作，冀北公司设备部主任覃朝云、安监部副主任赵维洲等同志陪同

2019 年 8 月 28—30 日，举办院中层管理人员培训班

2019 年 9 月，技经中心与国旗合影

2019 年 9 月，综合管理部与国旗合影

2019 年 9 月，计划经营部与国旗合影

2019 年 9 月，安全监察质量部与国旗合影

2019 年 9 月，规划评审中心与国旗合影

2019 年 9 月，设计中心与国旗合影

2019 年 9 月，财务资产部与国旗合影

2019 年 9 月 5—6 日，能源经济与电力供需实验室赴张家口开展专题调研

2019 年 9 月 14 日，朱全友赴冀北党校、管培中心纪委书记、工会主席、副校长任前留影

2019 年 9 月 18 日,综合管理部录制《不忘初心》

2019 年 9 月 20 日,开展"我和祖国共奋斗"庆祝新中国成立 70 周年主题歌会

2019 年 9 月 20 日，规划评审中心演唱《四渡赤水》

2019 年 9 月 20 日，财务资产部、计划经营部和技经中心演唱《南泥湾》

2019 年 9 月 20 日，综合管理部演唱《不忘初心》

2019 年 9 月 20 日，设计中心演唱《游击队之歌》

2019 年 9 月 20 日，全体合唱《我和我的祖国》

2019 年 9 月 20 日，公司主题教育督导组组长张大鹏、刘钧与沈卫东、许凌峰在院主题歌会现场留影

2019 年 9 月 24 日，党委中心组主题教育读书班开班

2019 年 9 月 24—30 日，许凌峰参加党委中心组主题教育读书班

2019 年 9 月 24—30 日，沈卫东参加党委中心组主题教育读书班

2019 年 9 月 24—30 日，尹秀贵参加党委中心组主题教育读书班

2019 年 9 月 24—30 日，刘娟参加党委中心组主题教育读书班

2019 年 9 月 24—30 日，袁敬中参加党委中心组主题教育读书班

2019 年 9 月 25 日，举办新中国小型票证展

2019 年 9 月 29 日，集体参观 "伟大历程 辉煌成就" ——庆祝新中国成立 70 周年大型成就展

2019 年 10 月 8 日，隆重举行升国旗仪式

2019 年 10 月 8 日，隆重举行升国旗仪式

2019 年 10 月 10 日，冀北公司副总经理葛俊来我院开展调研，冀北公司主题教育督导组组长张大鹏、副组长刘钧、刘一冰，互联网部主任闫忠平，科技部副主任莫小林等同志陪同

2019 年 10 月 12 日，参加 CIDEE2019 中国国际数字经济博览

2019 年 10 月 15—18 日，参加第二届国际绿色能源发展大会

2019 年 10 月 16—17 日，副院长袁敬中同志赴承德经研所就经研设计体系建设开展专题调研

2019 年 10 月 21 日，我院组队参加冀北公司羽毛球精英赛

2019 年 10 月 21 日，冀北公司党委委员、唐山供电公司总经理曹伟，为参加冀北公司羽毛球精英赛的领导干部颁发奖牌

2019 年 10 月 21 日，院长沈卫东
带领加班人员集中收看央视《榜样 4》专题节目

2019 年 10 月 21 日，赴秦皇岛
参加冀北公司文化艺术节闭幕式
人员于下榻酒店集中收看央视
《榜样 4》专题节目

2019 年 10 月 21 日，院篮球协会
部分成员于球馆集中收看央视《榜样 4》专题节目

2019 年 10 月 23 日，合唱作品《游击队之歌》荣获冀北公司"十佳"，实现冀北公司文艺作品类奖项"零的突破"

2019 年 10 月 24 日，党委书记许凌峰、副院长袁敬中一行赴蒙东公司调研并慰问"东西帮扶"职工

2019 年 10 月 30—31 日，设计中心人员赴张家口冬奥工程进行土建技术监督

2019 年 10 月 31 日，院长沈卫东在河北能源发展报告会做主旨演讲

2019 年 11 月 1 日，召开主题教育调研成果交流会

2019 年 11 月 5 日，2019 年第二期经研大讲堂赠书留影

2019 年 11 月 8 日，召开领导班子对照党章党规找差距专题会议

2019 年 11 月 22 日，李红建在 2019 年第三期经研大讲堂进行主题分享

2019 年 11 月 29 日，召开主题教育专题民主生活会

2019年12月2日，赴张家口泥河湾小学开展关爱贫困学子助学活动，助力张家口地区脱贫攻坚

2019年12月3日，规划评审中心党支部召开组织生活会

2019年12月3日，技经中心党支部召开组织生活会

2019 年 12 月 3 日，计划经营部党支部召开组织生活会

2019 年 12 月 5 日，综合管理部党支部召开组织生活会

2019 年 12 月 6 日，财务资产部党支部召开组织生活会

2019 年 12 月 6 日，安全监察质量部党支部召开组织生活会

2019 年 12 月 7 日，设计中心党支部召开组织生活会

2019 年 12 月 10 日，设计中心召开智能金具项目挂网试验设备验收会

2019 年 12 月 12 日，王绵斌在 2019 年第六期经研大讲堂进行主题分享

2019 年 12 月 19 日，梁冰峰在 2019 年第七期经研大讲堂进行主题分享

2019 年 12 月 23 日，院领导班子成员与各部门、中心负责人座谈交流

2019 年 12 月 23 日，2019 年新入职员工座谈会留影

2019 年 12 月 27 日，李顺昕在 2019 年第八期经研大讲堂进行主题分享

2019 年 12 月 30 日，院领导班子成员录制新春贺词

2019 年 12 月 31 日，发布《2020 新年贺词》

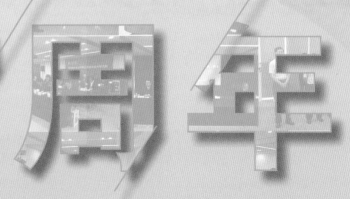

2020 年

经研冀忆
2016—2021

5 周年

2020：抗疫攻坚年

2020 年，面对错综复杂的国际形势、艰巨繁重的国内改革发展稳定任务，特别是新冠肺炎疫情严重冲击，经研院上下齐心，攻坚克难，取得了不俗的业绩。开展河北省"十四五"新能源消纳能力评估，研究成果**获河北省发改委肯定**；积极推进"标准化、数字化"成果应用，形成"**数据挖掘＋专业分析**"评审信息管控模式；京津冀协同发展研究成果入选《国家电网智库》专报，并获辛保安董事长重要批示；承担公司 2020 年"十大课题"研究，5 项课题全部通过验收。两项成果纳入国网定额站计价体系研究框架；编制《生产技改项目造价参考手册（2020 年版）》。牵头冬奥会张家口赛区临电设计，形成云顶滑雪公园—冬奥场馆临电典型设计方案，基建现场安全管控**累计发现问题 1577 项**，全部实现闭环整改。拍摄《民法典》学习宣传片。两项成果分获国网公司科技进步一等奖和三等奖，**取得历史性突破**。完成 1 项国网企标编制。党建工作考核得分位列 8 家成本类单位**第一名**，获评冀北公司 2017—2020 年度**文明单位**。

规划评审中心主网规划一室获公司 2020 年度先进班组称号，综合管理部获冀北公司抗疫先进集体称号，杨金刚获评感动冀北十大人物，高杨获冀北公司先进工作者，张楠获冀北公司优秀共产党员，张楠、岳云力获冀北公司抗疫先进个人。

这一年，石振江、周毅、周海雯、陈璐、相静、张玉 6 名同志加入经研院，12 名同志离开这个集体。其中，沈卫东调入冀北审计部、田光远调入冀北巡察组，梁冰峰调入风光储公司，王秋筠调入国网纪检组，邹钟毓、管乐 2 名同志调入冀北财务部，吕雅姝调入冀北党建部，项秉元调入冀北组织部，马蕊调入冀北发展部、刘蒙调入冀北调度中心、李杰调入冀北工程公司、杨朝翔调入冀北综合能源公司。张金伟、许芳、梁大鹏、王硕、徐毅、赵旷怡、申惠琪、刘志雄、董少娇、苏东禹、卢诗华 11 名同志成为预备党员，贾祎轲、周洁、张宇驰 3 名同志按期转正。聘任四级、五级职员共 12 人，15 人评定副高级职称，4 人评定正高级职称。

2020 年 1 月 14 日	冀北公司副总经理宋天民一行赴经研院考察工作并慰问基层干部职工
2020 年 1 月 14 日	举办 2020 年职工文化成果展示活动及职工"迎新春，包饺子"活动
2020 年 1 月 17 日	毛伟明担任国网公司董事长、党组书记
2020 年 1 月 19 日	二届三次职代会暨 2020 年工作会召开
2020 年 1 月 21 日	举办职工扑克牌大赛，毛戈、朱全友、姜宇组合惊险夺冠
2020 年 1 月 22 日	国网公司董事长毛伟明赴冀北公司检查电网运行和春节供电保障工作
2020 年 2 月 21 日	冀北公司副总经理于德明一行赴经研院督导检查疫情防控并慰问一线职工
2020 年 4 月 29 日	首次利用三维技术开展 220 千伏电压等级变电站工程初步设计和施工图设计工作
2020 年 5 月 9 日	召开"劳模英杰，战疫青锋"主题故事分享会
2020 年 5 月 28 日	冀北公司副总经理李欣一行赴冀北经研院调研
2020 年 7 月 7 日	首次独立参加国家重点研发计划项目"多能互补微电网及'发充储放'一体充电站示范工程"项目全过程设计
2020 年 8 月 28 日	开展参加"冀北清风家庭促廉"家风书画展活动
2020 年 8 月 28 日	深度支撑河北省能源局"十四五"能源重大创新研究工作
2020 年 9 月	刘素伊被授予 2018—2020 年度国网公司"东西帮扶"先进个人
2020 年 9 月 23 日	团委完成届中调整，陈翔宇担任团委书记
2019 年 9 月 28 日	冀北干部调整，梁冰峰提任风光储公司总会计师。
2019 年 9 月 29 日	冀北干部调整，石振江提任经研院院长、党委副书记；周毅提任经研院党委委员、纪委书记、工会主席。沈卫东调任冀北公司审计部主任，田光远提任冀北公司巡察组组长
2020 年 10 月 10 日	集体观看爱国主义影片《夺冠》
2020 年 10 月 20 日	院党委书记许凌峰，纪委书记、工会主席周毅一行赴现场慰问"十八家"线路设计团队
2020 年 10 月 22 日	综合管理党支部和冀北公司后勤部党支部联合开展"走进双清别墅　追寻红色足迹"主题党日活动
2020 年 11 月 2 日	集体观看爱国主义影片《金刚川》
2020 年 11 月 5 日	开展 2020 年新入职员工培训
2020 年 11 月 12 日	集体参观纪念中国人民志愿军抗美援朝出国作战 70 周年主题展览
2020 年 11 月 19 日	毛伟明不再担任国网公司董事长、党组书记职务，另有任用

2020 年 1 月 8 日，工会为 1 月份生日的职工庆生

2020 年 1 月 14 日，冀北公司副总经理宋天民来我院考察工作并慰问基层干部职工，冀北公司一级职员杨威等同志陪同

2020 年 1 月 14 日，2020 年职工文化成果展示活动现场"全家福"

2020 年 1 月 14 日，院领导集体献上《春联送福》

2020 年 1 月 14 日，瑜伽舞蹈协会组织排演爵士舞《火红青春》

2020 年 1 月 14 日，计划经营部表演三句半《夸夸咱科创》

2020 年 1 月 14 日，院"智研"共产党员服务队表演歌舞《为了谁》

2020 年 1 月 14 日，综合管理部表演"东西帮扶""冬奥帮扶"主题小品《闪亮的名字》

2020 年 1 月 14 日，院先进个人、优秀班组代表为参与"东西帮扶""冬奥帮扶"人员代表献花并合影留念

2020 年 1 月 14 日，岳云力献唱原创歌曲《经研之光》

2020 年 1 月 14 日，设计中心表演小品《大话西游之涨工资》

2020 年 1 月 14 日，副院长尹秀贵携技经中心职工表演现代舞《小苹果》

2020 年 1 月 14 日，规划评审中心表演小品《规评山好汉过大年》

2020 年 1 月 14 日，院领导、综合管理部、财务资产部献唱《我们都是追梦人》

2020 年 1 月 14 日，综合管理部与院领导合影

2020 年 1 月 14 日，财务资产部与沈卫东院长合影

2020 年 1 月 14 日，计划经营部与副院长刘娟合影

2020 年 1 月 14 日，安全监察质量部与纪委书记、工会主席田光远合影

2020 年 1 月 14 日，规划评审中心与副院长刘娟合影

2020 年 1 月 14 日，技经中心与副院长尹秀贵、副总师崔晓君合影

2020年1月14日，设计中心与副院长袁敬中合影

2020年1月14日，院领导与二线及退休老同志合影

2020 年 1 月 14 日，在职工食堂集体包饺子

2020 年 1 月 14 日，齐聚一堂，其乐融融

2020 年 1 月 14 日，认真包饺子的副院长刘娟（左）和
副总经济师王清香（右）

2020 年 1 月 14 日，团圆包饺子，开心过大年
（左起：张璐、武冰清、孙海波、单体华、贾东雪）

2020 年 1 月 14 日，幸福时刻，和经研小伙伴一起度过
（左起：刘素伊、王泽众、石少伟、段小木）

2020 年 1 月 14 日，刚刚完成职工文化成果展示主持工
作的路妍，来不及卸妆，就加入了包饺子的队伍

2020 年 1 月 15 日，党委书记许凌峰在冀北公司党委书记抓基层党建工作会现场述职

2020 年 1 月 16 日，院长沈卫东和党委书记许凌峰参加冀北公司 2020 年工作会

2020 年 1 月 17 日，"迎新春"职工扑克牌大赛留影（顺时针左下起：毛戈、刘娟、朱全友、李顺昕、姜宇、石振江）

2020 年 1 月 17 日，"迎新春"职工扑克牌大赛留影（顺时针左下起：王硕、李红建、沈卫东、高杨、梁冰峰、谢景海）

2020 年 1 月 17 日，"迎新春"职工扑克牌大赛留影（顺时针左下起：武冰清、王清香、丁健民、瞿晓青、全璐瑶、王利军）

2020 年 1 月 17 日，"迎新春"职工扑克牌大赛留影（顺时针左下起：张洁、梁大鹏、何淼、周洁、陈辰、李海滨）

2020 年 1 月 17 日，"迎新春"职工扑克牌大赛留影（顺时针左下起：王守鹏、吴琪、许芳、杨明、仝冰冰、张楠）

2020年1月17日,"迎新春"职工扑克牌大赛留影(顺时针左下起:田镜伊、段小木、刘洪雨、王泽众、肖林、何成明)

2020年1月17日,"迎新春"职工扑克牌大赛留影(顺时针左下起:田镜伊、程序、刘洪雨、肖林、张海岩、全璐瑶)

2020年1月17日,"迎新春"职工扑克牌大赛留影(顺时针左下起:李明瑄、赵芃、张天琪、张登峰、李金财、程序)

2020年1月19日，院工作会先进授奖仪式
（领奖人左起：耿鹏云、傅守强、朱正甲、高杨）

2020年1月19日，院工作会先进授奖仪式（领
奖人左起：唐博谦、李顺昕、秦砺寒、王硕、齐霞）

2020年1月22日，国网公司毛伟明董事长、辛保安总
经理一行赴冀北公司检查电网运行和春节供电保障工作

2020年2月21日，冀北公司副总经理于德明来我院督导检查
疫情防控并慰问一线职工，冀北公司发展部主任梁吉等同志陪同

2020年3月5日，职工自主捐购的
200桶蛋白粉顺利运抵北京电力医院

2020 年 4 月 15 日，冀北公司建设部主任田生林来我院调研指导，冀北公司建设部副主任张宝华、三级职员申亮等同志参加

2020 年 5 月 13 日，副院长袁敬中赴张家口指导十八家输变电工程现场踏勘工作

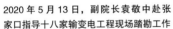

2020 年 5 月 28 日，冀北公司副总经理李欣来我院调研，冀北公司建设部副主任张宝华、三级职员申亮、柴淼等同志陪同

2020年5月29日，举办"劳模英杰·战疫青锋"主题故事分享会

2020年5月29日，田镜伊担任主持

2020年5月29日，综合管理部张楠进行分享

2020年5月29日，安全监察质量部侯喆瑞进行分享

2020年5月29日，规划评审中心梁大鹏进行分享

2020年5月29日，技经中心张妍进行分享

2020 年 5 月 29 日，规划评审中心石少伟进行分享

2020 年 5 月 29 日，离鄂返京职工全璐瑶通过视频进行交流分享

2020 年 5 月 29 日，党委书记许凌峰讲话

2020 年 5 月 29 日，部分演职人员与院领导合影

2020 年 7 月 2 日，冀北公司财务部副主任杨进来我院调研数字配网新基建云平台转资方案，冀北公司财务部刘利军，国网电商公司张兴华、张程、陈平祥等同志参加

2020 年 7 月 3 日，纪念建党 99 周年暨 2020 年党建工作会上全体起立合唱《国际歌》

2020 年 7 月 15 日，组织召开"十四五"主网架规划完成情况讨论会

2020 年 7 月 24 日，综合管理部员工最后一次为全员发放盒饭

2020 年 8 月 3 日，开展迎峰度夏慰问活动

2020 年 8 月 13 日，副院长刘娟参加技经中心 7 月月度例会暨冀北公司电网实物资产分析评价汇报交流会

2020 年 8 月 28 日，参加"冀北清风家庭促廉"家风书画展活动

2020 年 9 月 16 日，五级职员调整宣布会留影

2020 年 9 月 18 日，发展徐毅同志入党

2020年9月27日，田光远、梁冰峰送别茶话会留影

2020年9月29日，冀北公司副总经理于德明来我院参加干部调整宣布会，冀北公司组织部副主任孟祥来陪同

2020年9月29日，院领导干部调整宣布会留影

2020年10月10日，集体观看爱国主义影片《夺冠》

2020年10月22日，综合管理部党支部和冀北公司后勤部党支部联合开展"走进双清别墅 追寻红色足迹"主题党日活动

2020 年 10 月 22 日，王绵斌在 2020 年第一期经研大讲堂进行主题分享

2020 年 10 月 22 日，院新一届工会委员会委员合影

2020 年 10 月 29 日，党委书记许凌峰，纪委书记、工会主席周毅一行赴现场慰问"十八家"线路设计团队

2020 年 10 月 30 日，党委书记许凌峰一行赴现场慰问崇礼多能互补建设工程团队

2020 年 11 月 2 日，集体观看爱国主义影片《金刚川》

2020 年 11 月 5 日，院副总经济师王清香（右三）代表综合管理部领取冀北公司抗疫先进集体奖牌

2020 年 11 月 5 日，综合管理部获评冀北公司抗击新冠肺炎疫情先进集体

2020 年 11 月 12 日，集体参观纪念中国人民志愿军抗美援朝出国作战 70 周年主题展览

2020 年 11 月 19 日，秦砺寒在 2020 年第二期经研大讲堂进行主题分享

2020 年 11 月 30 日，国家重点
专项项目启动暨实施方案论证
会顺利召开

2020 年 12 月 2 日，中层干部
二线调整座谈会留影

2020 年 12 月 2 日，综合管理
部中层干部调整宣布会留影

2020年12月17日，冀北公司后勤部刘守刚来我院进行业务指导，冀北公司后勤部崔英杰参加

2020年12月17日，冀北公司安监部主任李永东赴工程监控中心调研，冀北公司安监部二级职员赵维洲等同志参加

131

2021 年

经研冀忆
2016—2021

5 周年

2021年1月18日 ｜ 辛保安担任国网公司董事长、党组书记

2021年1月7日，冀北公司人资部主任李红武来我院调研交流，冀北公司人资部孔德国、郭嘉参加

2021年1月15日，与冀北信通公司、思极公司干部职工交流座谈

2021年1月18日，与中国水利水电出版社王梅编辑就《经研冀忆》编辑出版工作进行交流

2021 年 1 月 19 日，国网公司董事长辛保安在公司四届一次职代会暨 2021 年工作会上颁奖

2021 年 1 月 22 日，规划评审中心和技经中心组织技术交流会

2021 年 1 月 26 日，院长石振江在冀北公司 2021 年工作会上作表态发言

2021 年 1 月 28 日，参加公司 2020 年度二级单位党委书记述职评议视频会留影

2021 年 1 月 29 日，召开二届五次工会委员会

2021年1月29日，院工作会先进授奖仪式（领奖人左起：赵一男、李维维、何淼、王利军、张妍）

2021年1月29日，院工作会先进授奖仪式（领奖人左起：安磊、高杨、李笑蓉、刘素伊）

2021年1月30日，羽毛球协会在球场为院退休干部崔晓君庆贺60岁生日

2021年2月4日，设计中心开展牛年送福活动

2021年2月5日，冀北公司副总经理于德明来我院宣讲中央十九届五中全会精神，冀北公司发展部主任梁吉、巡察组组长田光远、宣传部葛剑陪同

2021年2月5日，冀北公司副总经理于德明慰问我院一线职工

2021年2月5日，院领导班子成
员于2020年民主生活会前合影

2021年2月8日，规划评审中心新春团拜会现场留影

2021年2月18日，院领导春节期间赴各部门、中心拜年

2021年2月19日，开展《经
研冀忆》图书封面设计交流研讨

2021年2月23日，技经中心举办女职工朗诵活动

2021年2月24日，规划评审中心举办女工活动

2021 年 2 月 24 日，计划经营部党支部召开组织生活会

2021 年 2 月 25 日，综合管理部党支部召开组织生活会

2021年2月25日，设计中心党支部召开组织生活会

2021年2月26日，纪委书记、工会主席周毅赴冬奥临电项目现场慰问

2021年2月26日，技经中心党支部召开组织生活会

2021 年 3 月 1 日，规划评审中心党支部召开组织生活会

2021 年 3 月 2 日，财务资产部党支部召开组织生活会

2021 年 3 月 4 日，收看国网
公司党史学习教育动员部署会

2021 年 3 月 4 日，开展女职工"巧手
慧心，制扇智美"手工团扇制作活动

2021 年 3 月 9 日，举办《经研冀忆》图书审稿会

2021 年 3 月 9 日，冀北公司主
题传播活动外聘专家座谈会留影

2021 年 3 月 11 日，与冀北公司融
媒体中心开展宣传工作座谈交流合影

2021 年 3 月 12 日，邀请中国水利水电出版社
王梅、卢博二位老师进行图书平面设计座谈交流

《经研冀忆》
图书封面设计大赛优秀作品

经研冀忆
2016—2021

5周年

设计: 霍菲阳-01

设计: 霍菲阳-02

设计: 霍菲阳-03

设计: 刘溪–01

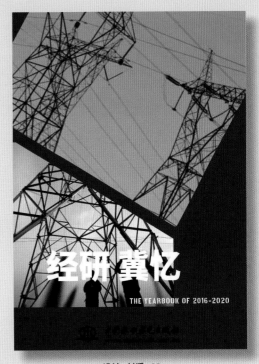

设计: 刘溪–02

设计: 路妍-01

设计: 路妍-02

设计: 路妍-03

设计: 路妍-04

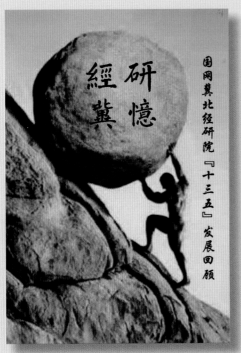

国网冀北经研院『十三五』发展回顾

研憶經冀

设计: 沈卫东-01

经研冀忆

經研冀憶

（二〇一六-二〇二〇年）

国网冀北经研院:『十三五』发展回顾

设计: 张金伟-01

设计：苏东禹 –01A 面　　　　　　　　　　设计：苏东禹 –01B 面

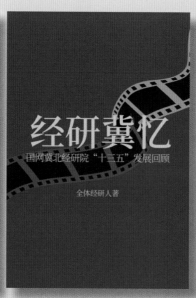

设计: 苏东禹–02　　　　　　设计: 苏东禹–03　　　　　　设计: 苏东禹–04

设计：许凌峰-01

设计：许凌峰-02

设计: 张洁-01

设计: 张洁-02

设计: 张洁-03

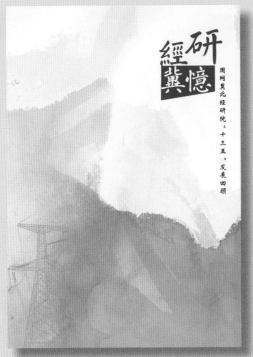

设计: 张楠–01

设计: 张楠–02

设计: 张妍-01

设计: 张妍-03

设计: 张妍-02

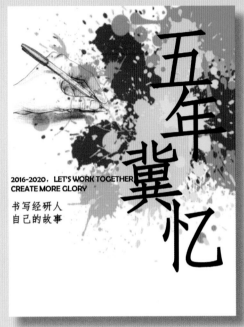

设计: 周海雯–02

设计: 周海雯–01

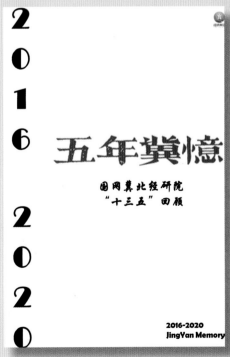

设计: 周海雯–03